雷叔玩儿乐高之1　认知篇

主编　王存雷

北京航空航天大学出版社
BEIHANG UNIVERSITY PRESS

内容简介

本丛书借助乐高积木的搭建，激发少年儿童的好奇心和探索欲望，提高其动手动脑能力。针对少年儿童不同成长阶段的特点，本丛书分为四个分册，分别是认知篇（针对3~4岁）、奇妙篇（针对5~6岁）、探索篇（针对7~8岁）、科技篇（针对9岁以上）。每篇都以故事、生活场景、视频、图画、表演等形式创设情境，提出学习目标，借助积木，运用知识原理，采用不同搭建形式，实现自主探究学习，达成学习目标，实现最终教学成果，并通过课后习题检验知识掌握程度，分享学习过程中的乐趣，体现了跨学科、趣味性、体验性、情境性、协作性、设计性、艺术性、实证性和技术增强性等特点。让高深的知识简单化，让复杂的原理趣味化。

图书在版编目（CIP）数据

雷叔玩儿乐高之1. 认知篇 / 王存雷主编 . -- 北京：北京航空航天大学出版社，2020.6

ISBN 978-7-5124-3220-8

Ⅰ.①雷… Ⅱ.①王… Ⅲ.①智力游戏—儿童读物
Ⅳ.① G898.2

中国版本图书馆 CIP 数据核字（2020）第 004151 号

雷叔玩儿乐高之1　认知篇

主编　王存雷

责任编辑　蔡　喆

*

北京航空航天大学出版社出版发行

北京市海淀区学院路 37 号 (邮编 100191) http：//www.buaapress.com.cn

发行部电话：（010）82317024　　传真：（010）82328026

读者信箱：goodtextbook@126.com　　邮购电话：（010）82316936

艺堂印刷（天津）有限公司印装　各地书店经销

*

开本：710×1000　1/16　印张：7　字数：100 千字

2020 年 7 月第 1 版　2020 年 7 月第 1 次印刷

ISBN 978-7-5124-3220-8　定价：39.00 元

前　言

本书适合 3~4 岁的儿童学习。3~4 岁的儿童的智力发育很快，动作或语言往往在重复几遍之后就能学得好、记得牢。他们对周围的一切事物都很关心，对所有不明白的事物都要刨根究底地问个没完。这是由于孩子对这些事物怀有极大的兴趣，努力观察、学习、询问，并尽力想理解。3~4 岁孩子的语言能力发展极为迅速。他们特别爱说话，甚至一个人玩的时候也会自言自语地边说边玩，跟小朋友或成人在一起时话就更多了。针对这个年龄段的特点，我们重点培养其手眼协调、语言表达、空间方位感知以及体验世界的能力。在搭建积木的过程中，促进其大肌肉群发展，使其身心得到锻炼。

本书主要应用的教具有：9090 系列，包括基础积木、装饰积木、人仔和特殊零件等，丰富的零件种类让孩子在搭建作品时有了更多的选择，可以使作品更美观、更有创意；45002 系列运用螺丝刀作为工具来搭建各种工程车辆以及其他复杂作品；9076（管道）系列包含直管道、弯管道和各种连接器等特殊积木，串联起来可以了解物体的运动轨迹、输入输出及因果的概念甚至重力等复杂知识，并可以和其他积木组合成大型作品。

目 录

案 例 1

身体构造

小朋友们，你们知道我们的身体都有哪些部位吗？它们都有哪些功能？能帮助我们做哪些事情呢？

知识要点

首先让我们了解一下身体结构，认识身体各个部位的功能。

① 脸（Face）
② 头（Head）
③ 胳膊（Arm）
④ 手（Hand）
⑤ 身体（Body）
⑥ 腿（Leg）
⑦ 脚（Foot）

那么接下来的问题是，哪边是左边，哪边是右边呢？

左（Left）←

右（Right）→

想一想

① 身体的各种部位都在什么位置？
② 从哪里开始搭建我们的身体？

搭建身体

搭建身体的步骤。

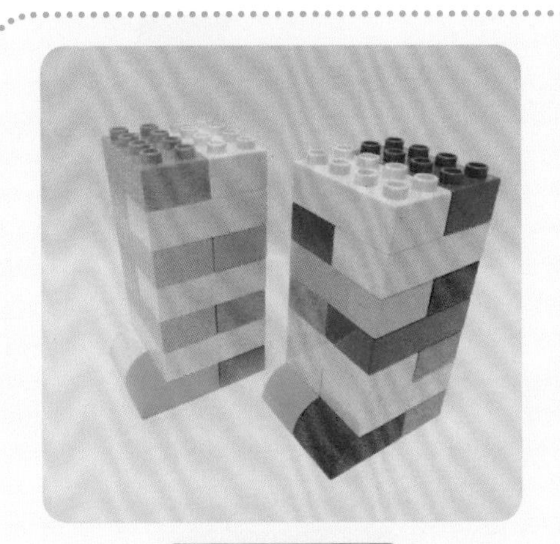

步骤 1 搭建腿和脚

步骤 2 搭建身体

步骤 3 搭建胳膊和头

步骤 4 标明身体各部位名称

这是乐乐。他的身体部位都在哪些地方？它们的名称是什么呢？

案例 2

漂亮的房间

小朋友们，你们的房间是什么样子的呢？房间里都有什么呢？是不是有门、窗、床、书柜、书桌、台灯、吊灯这些东西？你愿意向大家介绍一下你的卧室是什么样子的吗？

知识要点

（1）合理规划房间的布局

① 床（Bed）

② 衣柜（Wardrobe）

③ 桌子（Desk）

④ 椅子（Chair）

⑤ 窗（Window）

（2）认识简单的空间概念

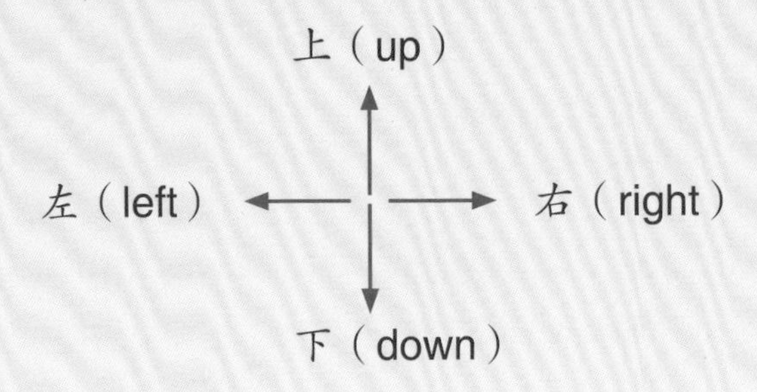

想一想

① 房间里都有哪些家具？
② 每种家具都摆放在哪里？

搭建卧室

搭建卧室的步骤。

步骤 1　搭建门和窗

步骤 2　搭建围墙

步骤 3　搭建家具

步骤 4　将各部分组装在一起

涂一涂

卧室里衣柜的颜色不见了，你能为它找回颜色吗？

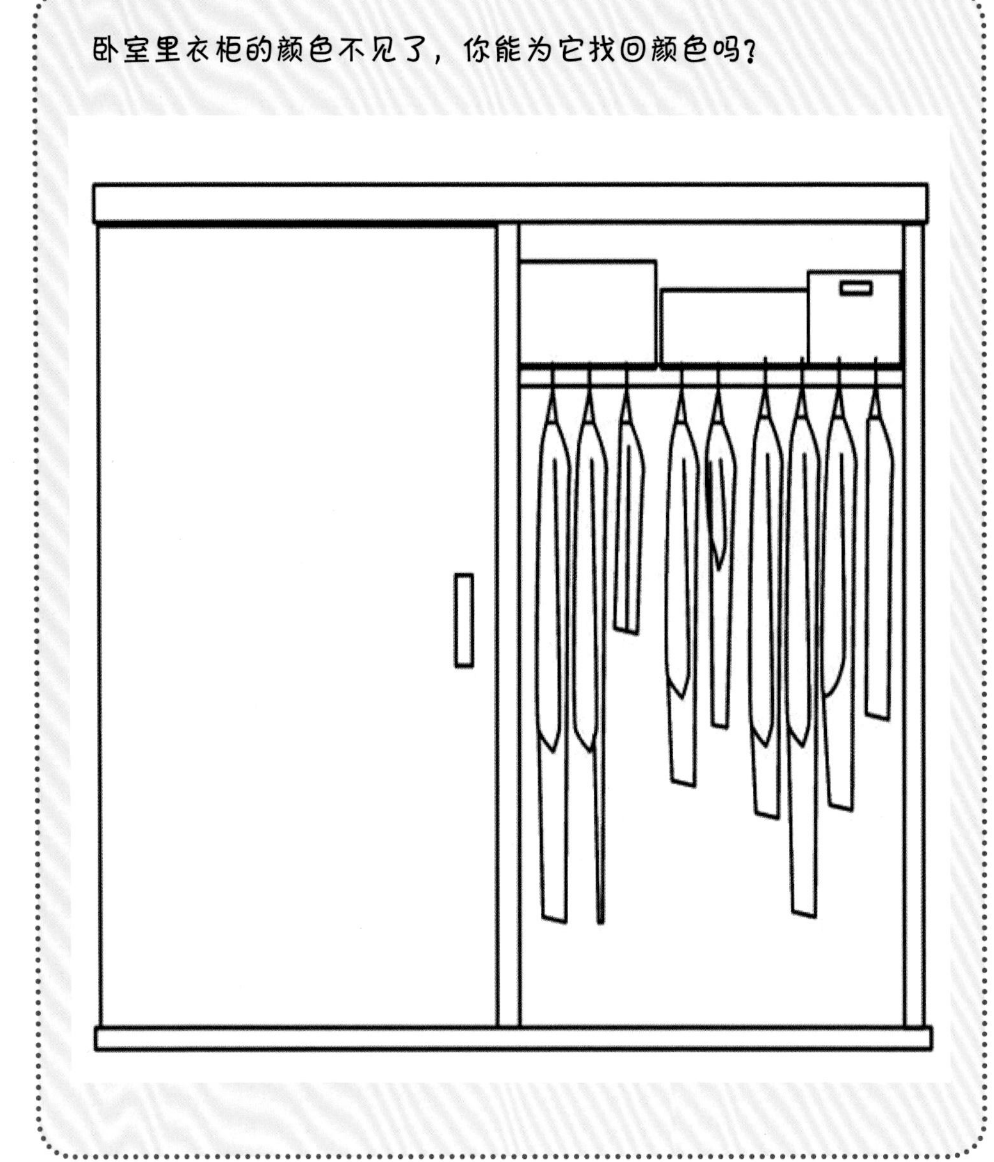

案例 3

去医院

小朋友们，如果家里突然有人生病，我们应该怎么办呢？是不是要去医院看病呢？我们要怎样寻求帮助？急救电话的号码是多少？大家知道去医院看病的流程是怎样的吗？

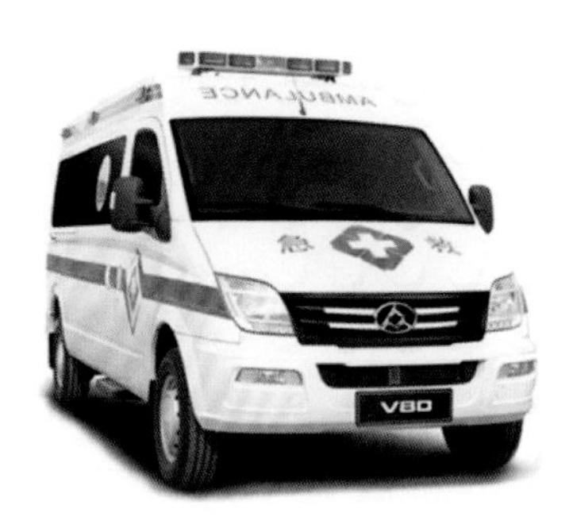

知识要点

① 认识医院标志（红十字）、急救电话号码“120”。
② 了解看病的流程：挂号→医生看病→检查缴费→药品配取 / 输液。

想一想

① 救护车和普通的汽车有哪些区别？（上面有一些急救措施，还有医护人员进行营救）
② 医院和救护车上有什么标志？（红十字）

搭建救护车和医院

搭建救护车和医院的步骤。

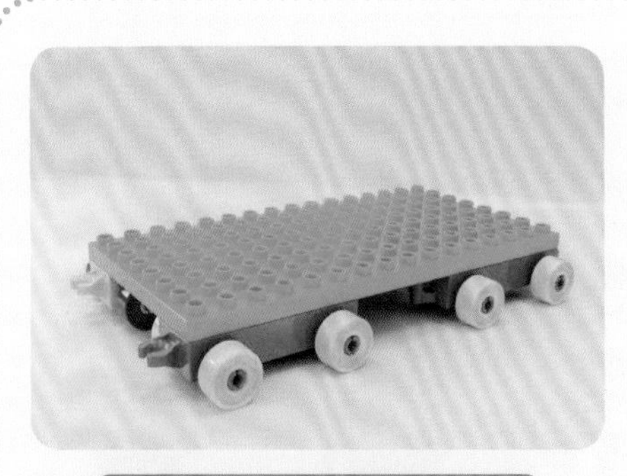

步骤 1 搭建救护车的车身和车轮

步骤 2 搭建救护车的门窗和驾驶舱

步骤 3 搭建救护车的顶灯和红十字

步骤 4 搭建医院的门诊部和住院部

选一选

1. 要拨打急救电话应该打哪个号码？（ ）

A. 119 B. 110 C. 120 D. 114

2. 你还知道哪些特殊的电话号码？

案 例 4

我的浴室

小朋友们，你在洗澡时有没有观察过家里的浴室？浴室里都有哪些东西？它们都有什么功能呢？

知识要点

（1）了解浴室的主要物品及功能

① 浴缸：洗澡的地方。
② 马桶：大小便用的有盖的桶。
③ 洗手池：洗手、洗脸的地方。

（2）养成爱干净、讲卫生的好习惯

饭前便后要洗手，早晚要刷牙，饭后要漱口。

想一想

① 浴室里各个物品都在哪里？

② 每个物品可以用哪些积木搭建？

搭建浴室

搭建浴室的步骤。

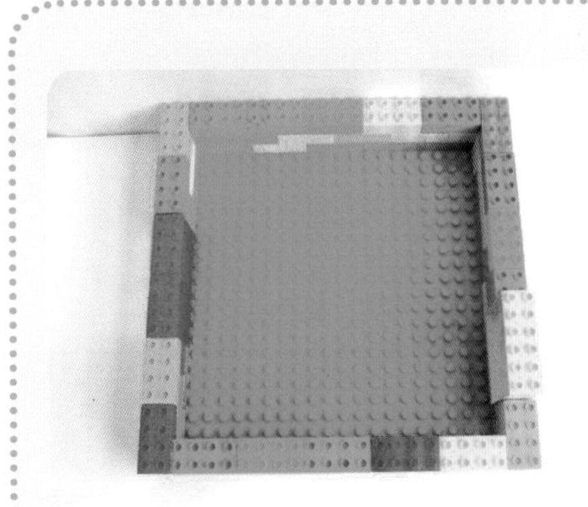

步骤1 搭建围墙和门窗

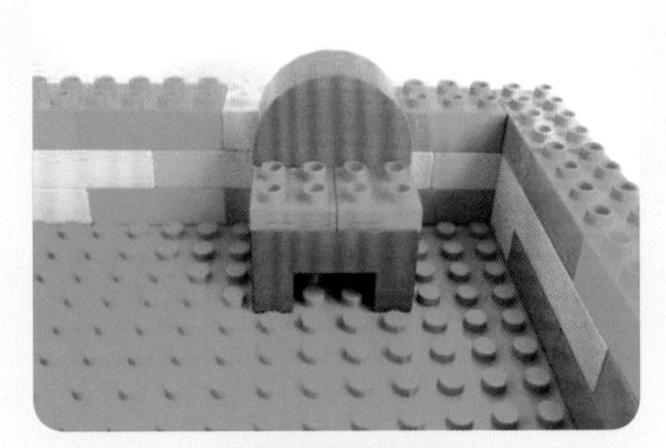

步骤2 搭建马桶

步骤3 搭建浴缸

步骤4 搭建洗手池并组装在一起

1. 以下哪个物品不应该放在浴室？

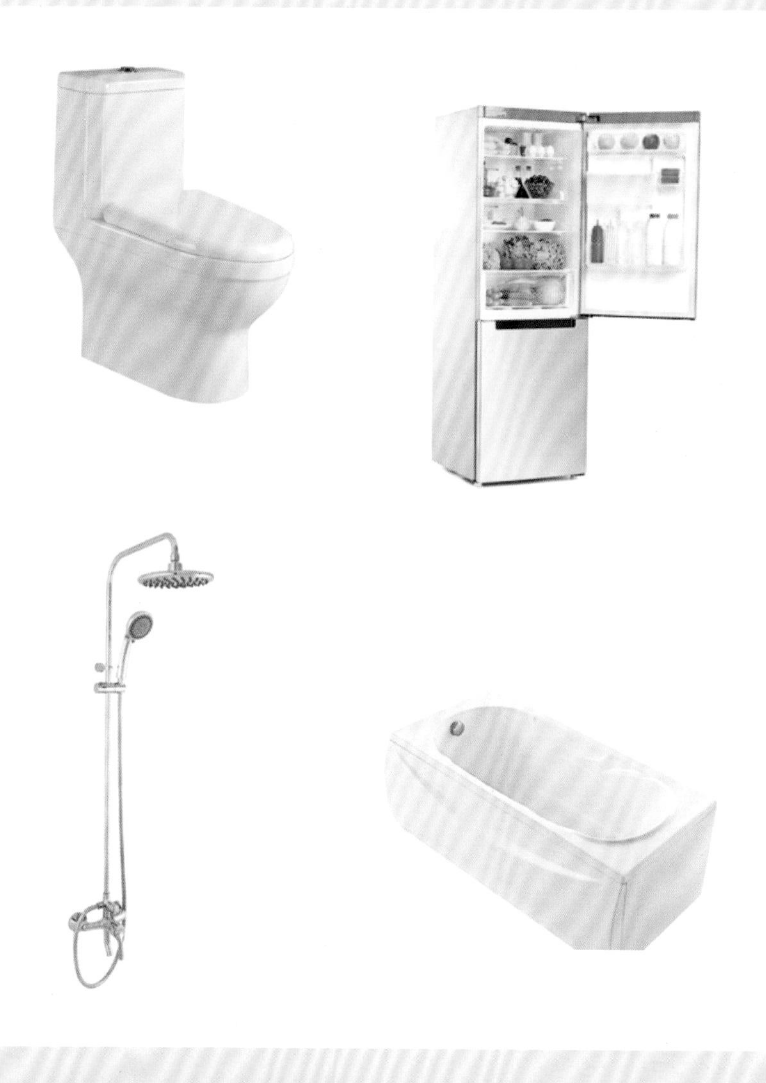

2. 平时你是如何刷牙洗脸的？

案例5

偶遇毛毛虫

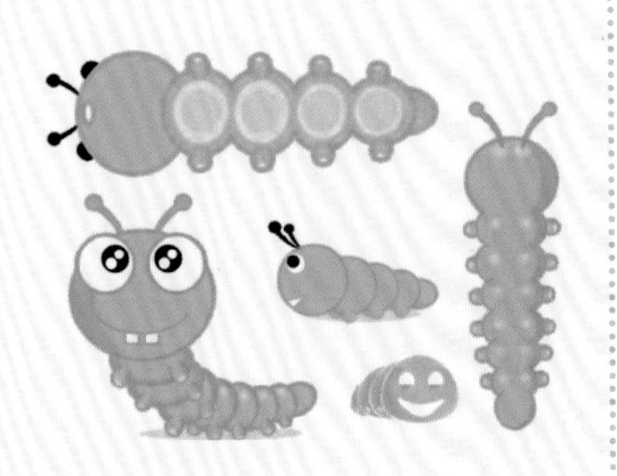

春天到了，小朋友们一起在公园里赏花，突然发现有一只绿色的长长的虫子。一个小朋友问道："这是什么虫子啊？"另一个小朋友说："这是毛毛虫，长大了会变成蝴蝶呢。"小朋友们，你们知道毛毛虫怎么变成蝴蝶吗？

知识要点

蝴蝶的生长过程

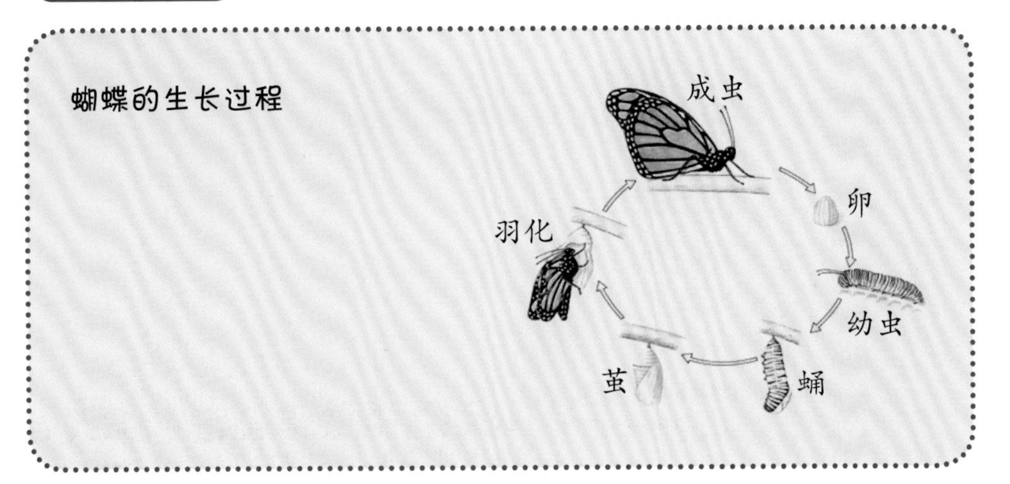

想一想

① 毛毛虫是什么样子的？
② 蝴蝶是什么样子的？

搭建毛毛虫的生长过程

搭建毛毛虫生长过程的步骤。

步骤 1　搭建蝴蝶的卵

步骤 2　搭建毛毛虫

步骤 3　搭建毛毛虫的茧

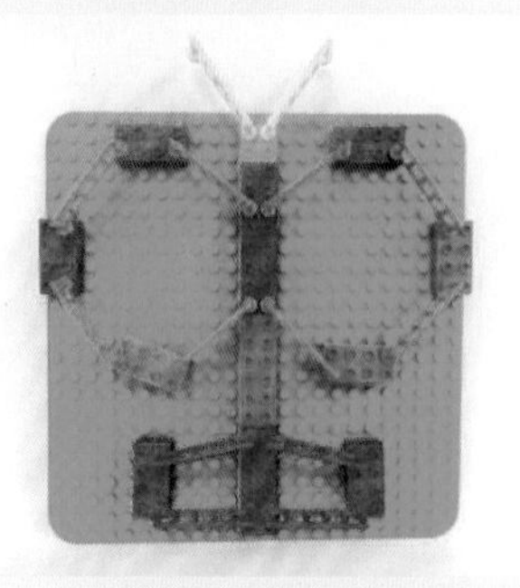

步骤 4　搭建一只蝴蝶

你知道下面两张图片分别是蝴蝶生长过程中的哪个阶段吗？

案例 6

电话铃响了

小朋友们，如果你们有事情要找爸爸妈妈，或者找其他小朋友，通过什么方式呢？对，一般都会打电话，那么电话一般都是什么样子的？小朋友们自己有没有独立地给爸爸妈妈打过电话呢？

知识要点

① 观察电话按键，巩固对数字的认识，学习数字的排序。

② 记住几个具有特殊用途的电话号码。

★ 110——报警电话
★ 120——急救电话
★ 119——火警电话

想一想

① 我们要怎么使用电话呢？

② 你能记住爸爸妈妈的电话号码吗？

搭建电话

搭建电话的步骤。

步骤1 搭建电话底盘

步骤2 搭建按键

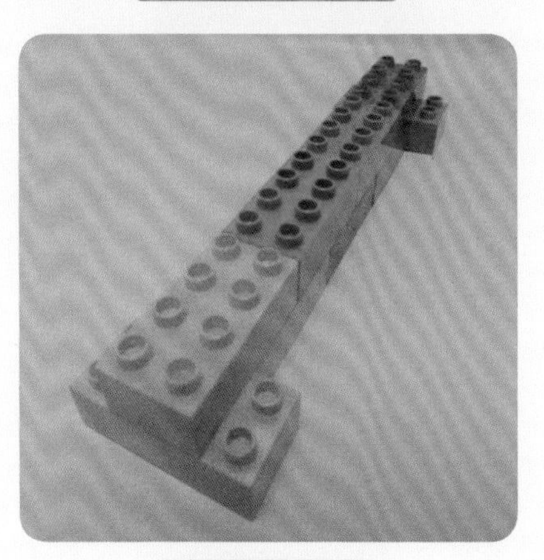

步骤3 搭建听筒

步骤4 将各个部分组装在一起

请将图中的事故与应拨打的电话号码连接起来。

110

119

120

案例7

海上游轮

小朋友们，你们在暑假期间是不是会出去旅游？你有没有乘坐过游轮旅游？游轮上的游客多数时间都是在游轮上休闲，有时参观停靠的城市。下面我们就来搭建一艘游轮吧。

知识要点

了解游轮结构。

想一想

① 游轮的结构组成是什么？有什么特点？

② 利用什么结构来搭建游轮？

搭建自己的身体

搭建游轮的步骤。

步骤 1　搭建船体

步骤 2　搭建甲板

步骤 3　搭建船舱

步骤 4　搭建围栏并装饰

选一选

游轮的船身与下列哪个图形相似？在你认为正确的图形下面打“√”。

案例 8

森林小卫士

小朋友们，在我国北方，一到春天，是不是风沙天气比较多？其实多年以前，这种天气更为严重，经常有沙尘暴，经过国家的长期治理，现在好多了，那么大家知道怎样治理沙尘暴吗？对，最主要的是靠植树造林。树木是我们生活的重要伙伴，可以净化空气，还帮助我们美化环境，我们一定要保护好它们，争做“森林小卫士”。

知识要点

① 学习树木的形态结构。

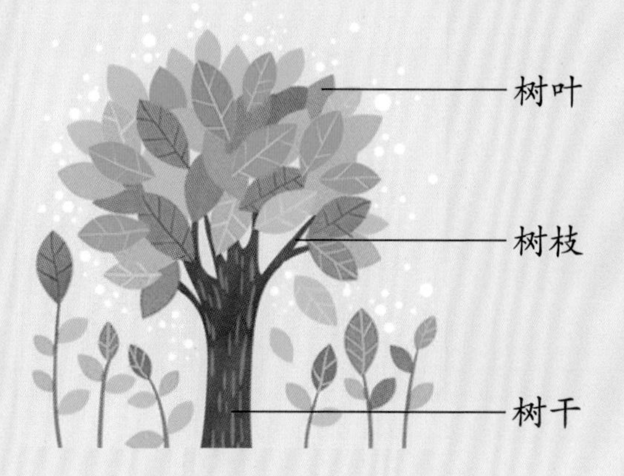

② 学习递增/递减结构的搭建。

想一想

① 一个“森林小卫士”都有什么呢？
② 搭建它都需要哪些乐高积木？

搭建步骤

搭建森林小卫士的步骤。

步骤1 搭建腿和脚

步骤2 搭建身体

步骤 3　搭建胳膊和头

步骤 4　搭建小树

连一连

请把大树的各个部位与对应名称相连接。

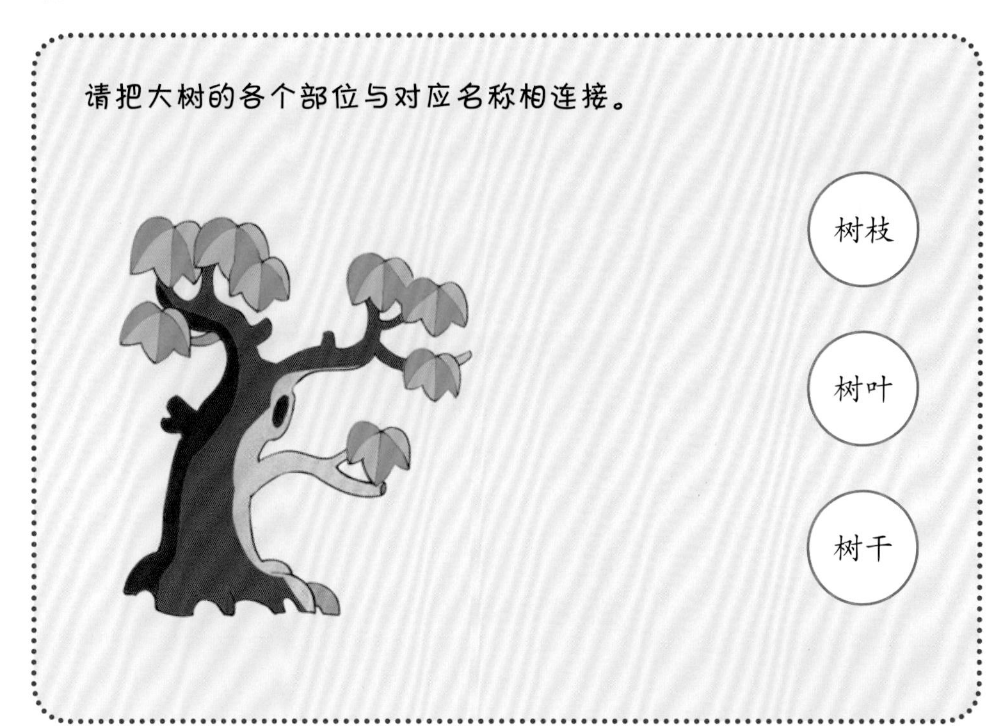

树枝

树叶

树干

案例9

篮球场

小朋友们，你喜欢什么体育运动？喜欢打篮球或者观看篮球比赛吗？观看篮球比赛时，大家是否明白它的比赛规则，知道哪支队伍应该得分吗？接下来我们就来搭建一个篮球场，学习一下篮球比赛的规则吧。

知识要点

（1）认识篮球场

篮球比赛场地是一个长方形的坚实平面，四周有边线和底线，中间有中线和中圆，两边还设有三分投篮区、限制区和罚球区等。

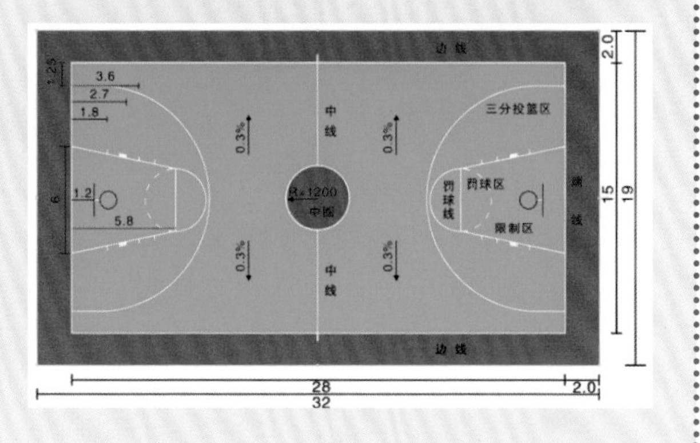

（2）了解篮球比赛

① 每场两个队伍进行比赛。

② 一般场上每支队伍有五名队员，也有一些小型篮球赛，每支队伍只有三名队员。

想一想

① 篮球场上都有哪些设施？

② 如何利用乐高积木搭建一个篮球场？

搭建篮球场

搭建篮球场的步骤。

步骤 1　搭建边线和底线

步骤 2　搭建中心线、中心圆和三分线

步骤 3 搭建篮筐

步骤 4 将各部分组装在一起

说一说

下面哪张图片里的小朋友是在打篮球？

案例 10

天文望远镜

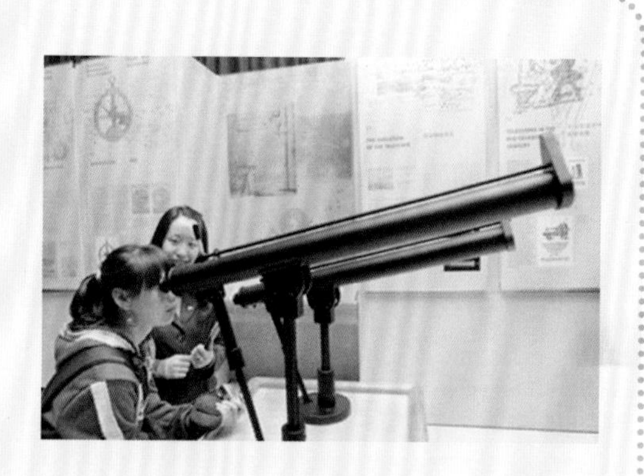

小朋友们，你有没有在晚上观察过天上的星星？能够看得清楚吗？如果想看得更清楚，应该借助什么工具呢？对了，就是用天文望远镜。大家知道第一架天文望远镜是谁发明的吗？他就是意大利著名科学家——伽利略。

知识要点

（1）认识天文望远镜的结构

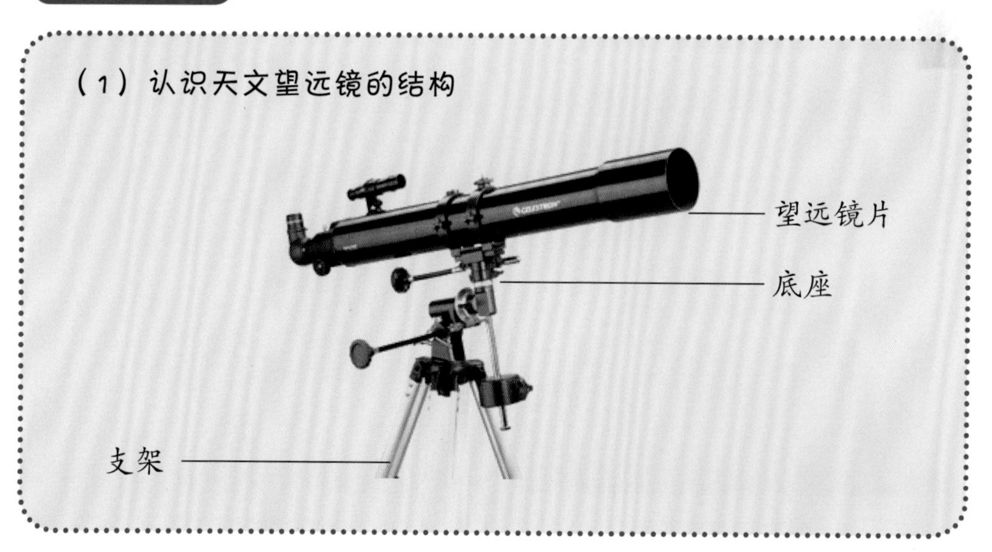

（2）学会区分普通望远镜和天文望远镜

① 普通望远镜是手持式的，天文望远镜是有支架的。

② 普通望远镜放大倍数低，看得近，天文望远镜倍数大，看得远。

③ 普通望远镜成像是正立的，天文望远镜成像是倒立的。

④ 普通望远镜视野宽，天文望远镜视野窄。

想一想

① 天文望远镜都由哪几部分组成？

② 如何利用乐高积木搭建天文望远镜？

搭建天文望远镜

搭建天文望远镜的步骤。

步骤1 搭建支架

步骤2 搭建镜筒

步骤 3　搭建目镜和物镜

步骤 4　将各部分组装在一起

下面哪个是天文望远镜？

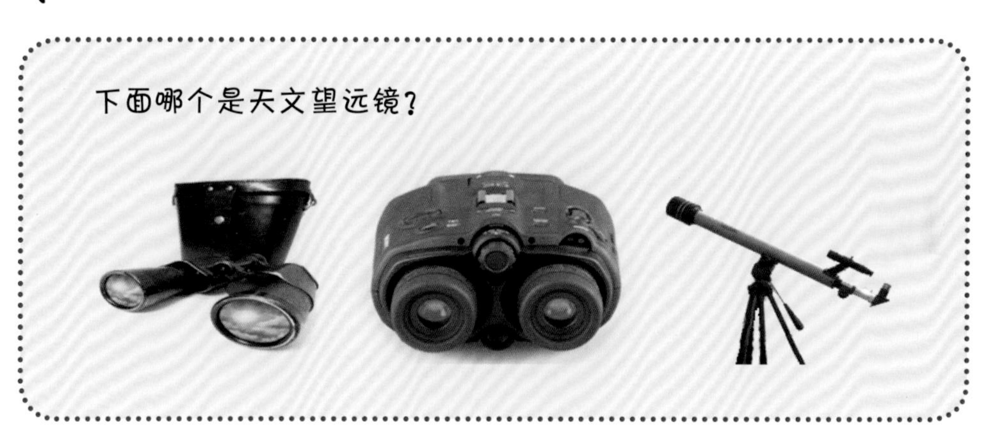

案例11

深海潜水艇

小朋友们，大家看电视的时候，是不是觉得海底世界特别漂亮？那么摄影师们是怎么到达的深海呢？一般都是通过个人潜水或者乘坐潜水艇。现在我们国家的“蛟龙”号载人潜水艇已经可以下潜到深海7000多米的地方，是不是很棒？那么接下来，我们就搭建一艘潜水艇吧。

知识要点

（1）认识潜水艇的结构

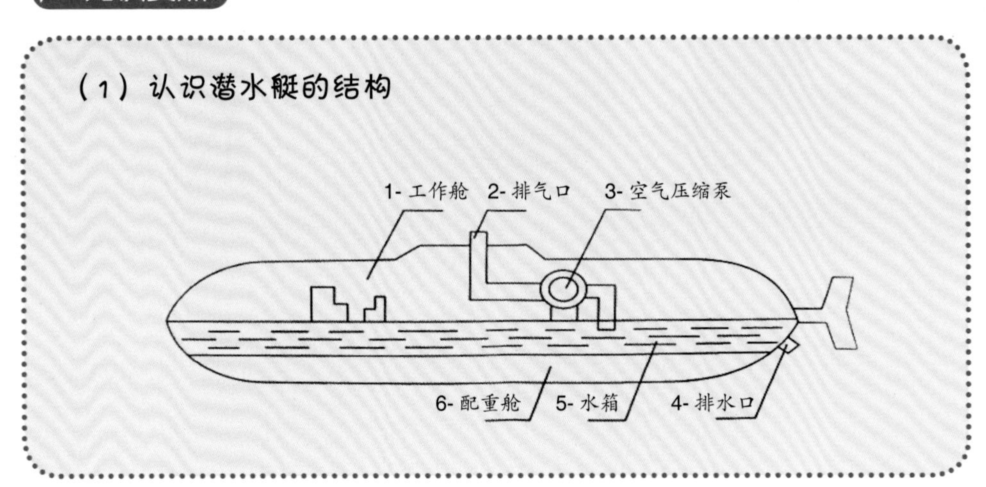

（2）潜水艇的原理

潜水艇一般是依靠控制水箱的水量来实现上浮和下沉的。

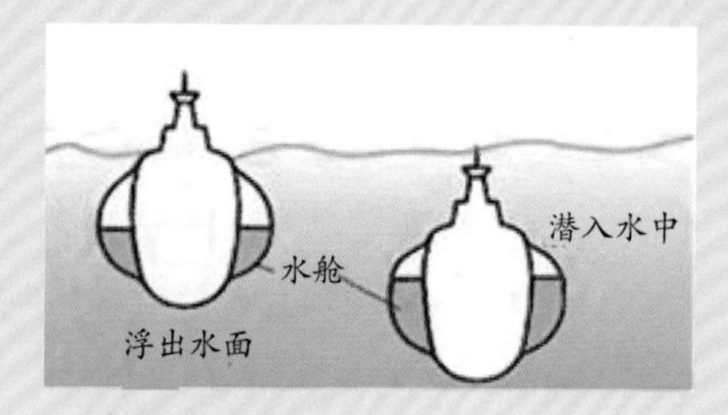

（3）学习搭建缩边结构

想一想

① 潜水艇都有什么结构？
② 如何利用乐高积木搭建一艘潜水艇？

搭建潜水艇

搭建潜水艇的步骤。

步骤 1 搭建艇身

步骤 2 搭建窗户和驾驶室

步骤 3 搭建螺旋桨

步骤 4 搭建潜望镜

说一说

你知道潜入海水中的潜水艇是怎样观测到海面上行驶的船只的吗？

案例 12

小火车托马斯

小朋友们，大家都喜欢看什么动画片？有没有看过小火车托马斯？它是一辆什么类型的小火车？接下来我们就来搭建一辆小火车来帮助我们搬运货物吧。

知识要点

（1）认识火车的结构

（2）学习火车的发展历程

火车的发展历程为：蒸汽机车→内燃机车→电力机车→高速列车

想一想

① 托马斯是什么类型的火车？（蒸汽机车）

② 火车上的每个组成部分应该选用什么样的乐高积木来搭建？

搭建托马斯小火车

搭建小火车托马斯的步骤。

步骤 1　搭建车轮

步骤 2　搭建火车头

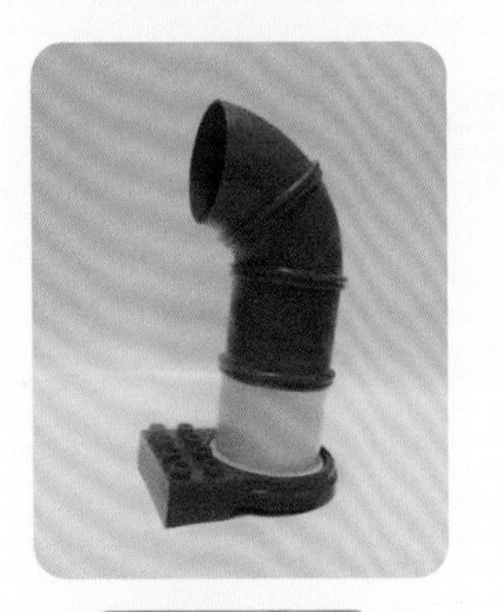

步骤 3　搭建烟囱

步骤 4　搭建车厢并组建

说一说

小火车和小货车有什么区别？
1

案例13

小交警

小朋友们，你们每天都是如何过马路的呢？马路上都有什么标识？你们能说出它们代表什么意思吗？我们一起来看一看吧！

知识要点

（1）道路交通标志

道路交通标志是用文字和图形符号对车辆、行人传递指示、指路、警告、禁令等信号的标志。标牌虽小，但作用可大了。它可以告诉我们道路的方向、路名，给予导向；也可以告诉我们前方是岔路、弯路，还是山路；告诉你哪条路禁止通行，哪条路禁止左转弯；还可以告诉我们哪儿可以停车，哪儿可以过马路等。这些标志牌保证了我们行车、走路的安全。

(2) 交通信号灯

交通信号灯如右图所示，其中：

① 红灯表示禁止通行。
② 绿灯表示准许通行。
③ 黄灯表示警示。

想一想

① 马路上有什么？
② 马路两边有什么？

搭建模拟交通场景

搭建模拟交通场景的步骤。

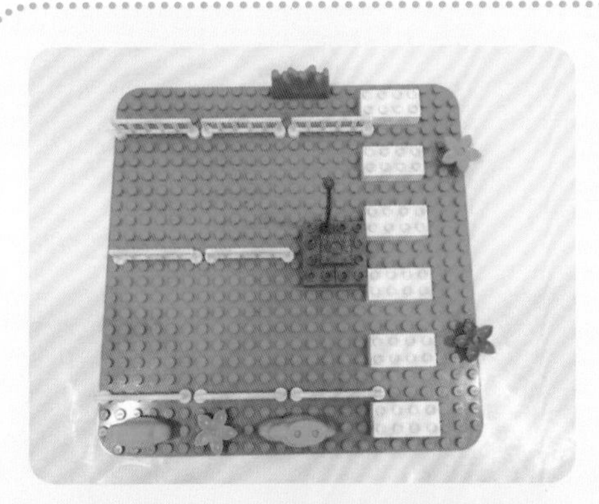

步骤 1　搭建交通岗、斑马线、十字路口

步骤 2　搭建小车

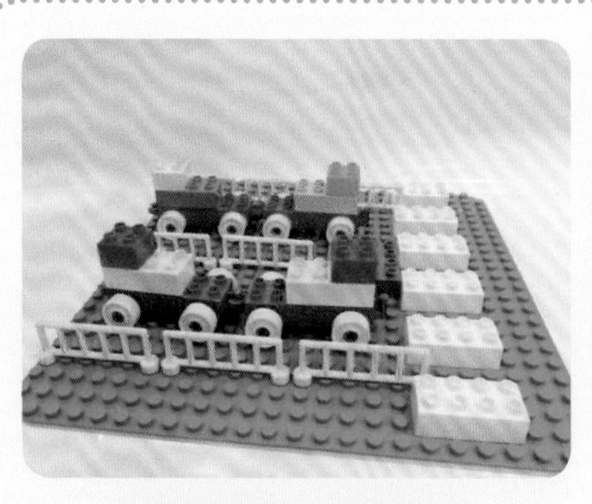

步骤 3 小车行驶到十字路口

步骤 4 行人走在斑马线上，搭建完成

画一画

① 请用彩笔给红绿灯涂颜色，并连线红绿灯对应的意思。

行（Go）
等（Wait）
停（Stop）

② 请在人行横道的交通标志下方打√。

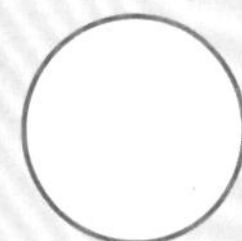

案例 14

外公的别墅

小明的外公最近搬家了，搬到了郊外。房子不像公寓那么高，而且还有小院子，我们一起来看一看吧！

知识要点

（1）别墅

别墅分为联排别墅、独栋别墅、双排别墅等。

想一想

别墅周围一般是什么样子的？

搭建别墅

搭建别墅的步骤如下图。

步骤1 搭建房屋第一层

步骤2 搭建房屋第二层

步骤3 搭建屋顶

步骤4 门前种上小树，搭建完成

请在是别墅的图片旁边打√。

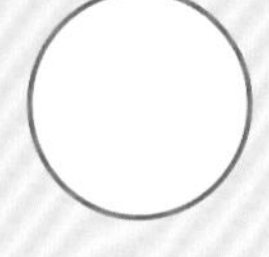

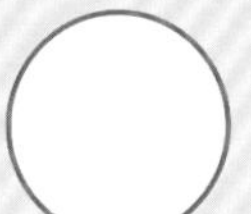

案例15

地铁站

小朋友们，大家坐过地铁吗？地铁站里面都有哪些设施？我们又应该如何乘坐地铁呢？让我们一起来看一看吧！

知识要点

（1）乘坐地铁的流程

乘坐地铁的流程为：购票→安检→刷票进站→候车。

（2）乘坐地铁的注意事项

乘坐地铁的注意事项如图所示。

严禁携带易燃易爆等危险品进站 DANGEROUS ARTICLES FORBIDDEN

乘坐地铁注意事项

先下后上

想一想

① 乘坐地铁前应该做哪些准备？

② 地铁检票大厅都有哪些设备？

搭建地铁列车

搭建地铁列车的步骤。

步骤 1　搭建两个车头

步骤 2　连接起来，搭建完成

选一选

请在过安检时不允许带的物品下方打√。

案例16

城市花园

小朋友们，你们的家里有没有养一些小花或小草？你们知道该如何照顾这些植物吗？

知识要点

① 植物生长六要素分别为：阳光、水分、土壤、养分、温度、空气。
② 植物生长过程。

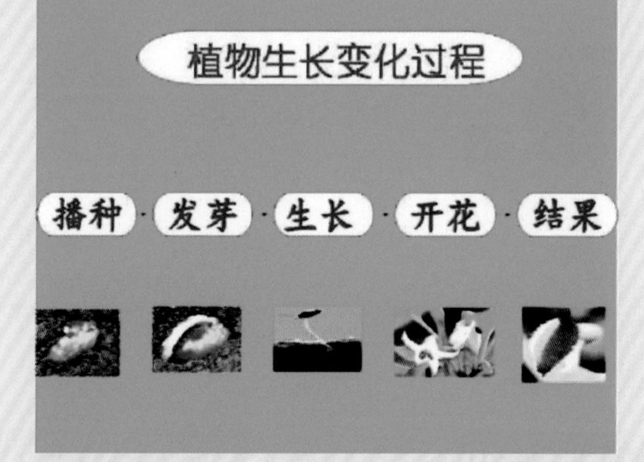

想一想

① 花卉一般栽种在什么地方?

② 如何利用乐高积木搭建一盆花?

搭建盆花

搭建盆花的步骤。

步骤 2 搭建花盆

步骤 3 搭建一朵小花

步骤 4 为花添上枝干

步骤 5 将花种入花盆，搭建完成

请在下图中用数字（如 1、2……）标注植物的生长顺序。

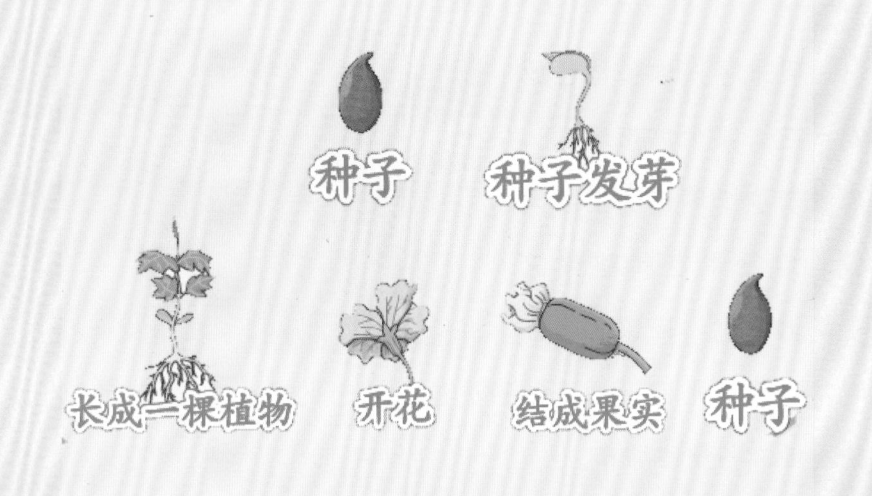

案例17

观光巴士

周末了，你和爸爸妈妈一起去某个城市玩儿，想看看这个城市的主要风景，但是景点和路线又不是很熟悉，应该怎么办呢？搭乘观光巴士，可以到达这座城市的各个主要景点，方便快捷地浏览整座城市。

知识要点

乘坐观光巴士主要目的在于旅游观光。所谓“站得高，看得远”，因此观光巴士一般有两层，高达4.2米，其目的就是为了让游客更好地欣赏路边的景色。观光巴士的优点是载客量大，缺点是行驶速度慢。

想一想

① 观光巴士由哪些部分组成？

② 可以利用哪些积木块搭建一辆观光巴士？

搭建观光巴士

搭建观光巴士的步骤。

步骤 1　搭建车底盘

步骤 2　搭建车身

步骤 3　安装车顶

步骤 4　安装护栏，坐上乘客，搭建完成

下图中哪种车辆适合作为观光巴士，为什么？

案例 18

灯亮了

小朋友们，大家知不知道灯为什么会亮？对，因为有电，但是电又是怎么来的呢？现在都有哪些发电的方式呢？

知识要点

① 每种事物都有自己的能量来源，根据能源的来源可以分为：

★ 不可再生能源，包括煤炭、石油、天然气等。

★ 可再生能源，包括风能、水能、太阳能、海洋能、地热能等。

② 现在人们利用比较多的可再生能源主要为：风能、水能、太阳能。

想一想

① 风力发电机是什么样子的？它由哪些部分组成？

② 如果利用乐高积木搭建一台风力发电机，应该怎样搭建？

搭建风力发电机

搭建风力发电机的步骤。

步骤1 搭建四个叶片

步骤2 搭建塔架

步骤3 搭建小房屋和路灯

步骤4 组装到一起，搭建完成

① 请说说以下三幅图分别是哪种能源？它们分别属于可再生能源还是不可再生能源？

② 小朋友们，我们平时应该怎样节约用电？

案例19

推土机

周末到了，大家一起到山上露营。在上山的路上，有一堆泥土挡住了去路，原来是因为昨天晚上下了一场大雨，山上的泥土和小石块都被冲下来了。一个小朋友着急地问："这可怎么办啊？我们还能去山上露营吗？"小朋友们，你们有办法帮助他清空山路上的泥土吗？对了，我们可以使用推土机。

知识要点

（1）推土机结构

推土机的结构为：车轮、操作室、推铲。

（2）履带式推土机和轮胎式推土机的区别

① 履带式推土机力量大、爬坡能力强，但行驶速度慢。

② 轮胎式推土机行驶速度快、行动灵活，但力量没有履带式推土机大。

想一想

① 推土机由哪些结构组成？

② 应该从推土机的哪个部分开始搭建？

搭建推土机

搭建推土机的步骤。

步骤 1　搭建推土机底盘

步骤 2　为推土机安装履带和轮子

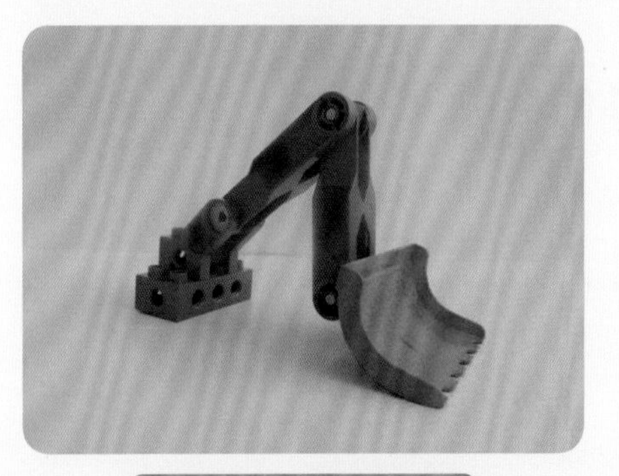

步骤 3　搭建推土机的手臂

步骤 4　将各部分组装到一起，再安装上驾驶舱，搭建完成

① 下面哪个是轮胎式的推土机？哪个是履带式的推土机？

② 小朋友们，你们见过正在工作的推土机吗？它工作的时候是什么样子的？

案例 20

垃圾清扫车

小朋友们，秋天来了，马路上落满了树叶，环卫工人们用什么清扫它们？对，垃圾清扫车。那大家有没有仔细观察过垃圾清扫车，它上面都有什么，又是怎样帮助我们清扫马路的呢？

知识要点

（1）垃圾清扫车

垃圾清扫车是集路面清扫、垃圾回收和运输为一体的新型高效清扫设备，是一种适合工厂、公路、公园、广场等路面全方位清扫工作的车型设备。这种全新的车型可一次完成地面清扫、马路牙清扫、马路牙清洗及清扫后对地面的洒水等工作，适用于各种气候和不同干燥路面的清扫作业。

(2) 垃圾的分类

想一想

① 垃圾清扫车由哪些部分组成？每个部分有什么功能？

② 为什么要将垃圾进行分类处理？

搭建垃圾清扫车

搭建垃圾清扫车的步骤。

步骤 1 搭建车身及垃圾箱

步骤 2 安装驾驶舱及垃圾箱的盖子

步骤 3　搭建两个清扫辊

步骤 4　将各部分组装起来，搭建完成

说一说

① 下面四种标识分别代表什么样的垃圾？

② 小朋友们，你们在日常生活中做到垃圾分类了吗？

案例21

高空环游记

小朋友们，大家知道在没有飞机之前，人们是怎样实现飞行的吗？是利用热气球。后来人们发明了更加安全、可控的飞机，热气球就逐渐变成观光、消遣的工具了。

知识要点

热气球是一个比空气轻、上半部是一个大气球状、下半部是吊篮的飞行器。气球内部加热空气，这样相对外部冷空气具有更低的密度，以此作为浮力来使整体发生位移；吊篮可以携带乘客和热源（大多是明火）。现代运动气球通常由尼龙织物制成，开口处使用耐火材料。

想一想

① 热气球由哪些部分组成？
② 应该从哪部分开始搭建热气球？

搭建热气球

搭建热气球的步骤。

步骤 1 搭建竹篮

步骤 2 四周安装吊绳

步骤 3 安装喷火器

步骤 4 安装伞盖，搭建完成

① 下面哪一个是热气球？在热气球的下面打√。

② 热气球是由哪些部分组成的？它是怎样升空的？

案例 22

田忌赛马

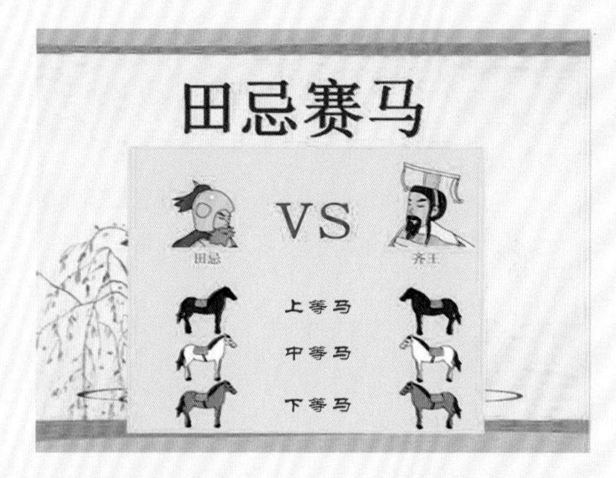

齐国有个大将叫田忌，他很喜欢赛马。有一次，田忌和齐威王约定要一起赛马，每个人都是一匹上等马，一匹中等马和一匹下等马。但是齐威王的马都比田忌的好很多，所以比了几次田忌都输了。他的好朋友孙膑给他出主意说，我有一个好办法能让你赢了齐威王。于是在第一场比赛的时候，孙膑用下等马和齐威王的上等马比赛，输掉了第一场比赛。第二场比赛的时候，孙膑用上等马和齐威王的中等马比赛，赢了第二场比赛。第三场比赛，孙膑用中等马和齐威王的下等马比赛，于是第三场比赛又赢了。最后，孙膑以三局两胜赢得了比赛。

这就是田忌赛马的故事，小朋友们，你们觉得孙膑是不是很聪明？我们要不要向他学习？

（1）故事揭示的道理

“田忌赛马”是中国历史上有名的善用自己的长处去对付对手的短处，从而在竞技中获胜的事例。小朋友们要首先了解自己的长处和短处，但是现在单纯靠这些取得好成绩不太可靠，我们要努力将自己的短处改正过来才是根本。

（2）了解马的习性

① 发达的嗅觉。
② 较差的视力（马容易受惊的因素）。
③ 感知能力较弱的味觉（采食面广，但容易造成消化不良）。
④ 发达的听觉（认人识人的重要器官）。
⑤ 站着睡觉且可以随时睡觉。

在搭建赛马之前，大家先想一想，马是什么样子的？我们怎样利用乐高积木搭建一匹马？

搭建赛马

搭建赛马的步骤。

步骤 1　搭建马头

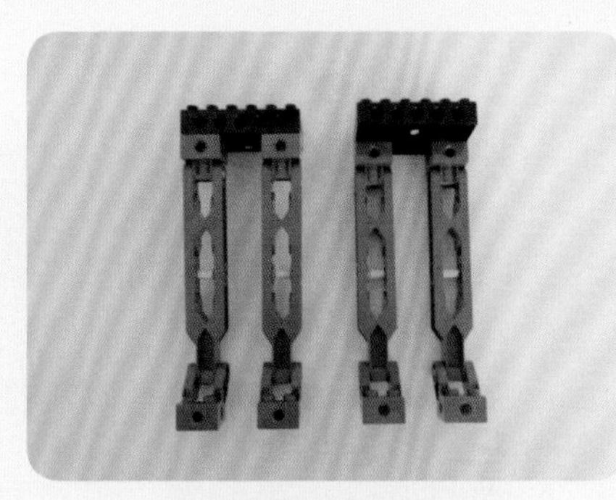

步骤 2　搭建四条腿

步骤 3　将马头和马腿组装在一起，并加上马尾

步骤 4　搭建其他马匹，开始赛马

说一说

① 列举你知道的关于马的成语。

② 在没有汽车、火车之前，马在我们的生活中起到了哪些作用？

案例23

守株待兔

从前有个农夫，他有几亩地，地上有一棵大树。有一天，他在地里干活，突然有一只兔子飞快地跑过来，撞到树上死了。这个农夫跑过来，拎起了兔子高兴地说：“什么力气都没费，就白捡了一只兔子，回家可以好好地吃一顿了。”从此以后，这个农夫就每天什么也不做，只在树下等着撞过来的兔子。但是一直等到野草长得比庄稼都高了，兔子也没有来。

这就是守株待兔的故事，大家觉得农夫这样做对吗？如果你是农夫，你会怎么做？

知识要点

守株待兔的含义：比喻妄想不劳而获，或死守狭隘的经验，不知变通。所以，小朋友们，做事情千万不要“守株待兔”，而是要通过自己的努力去积极争取。

想一想

在搭建这个成语故事中的兔子之前，首先想一想，兔子有什么特点？

搭建兔子

搭建兔子的步骤。

步骤 1　搭建兔子的身体

步骤 2　搭建兔子的头

步骤 3　将身体和头组装到一起，再装上嘴巴眼睛和耳朵，搭建完成

说一说

下面哪种食物是兔子喜欢吃的？

案例24

愚公移山

传说古代有一位90岁的愚公，家门前有太行、王屋两座大山。他每次出门因大山阻隔都要绕很大的弯子，于是他把全家人召集起来，要他们用毕生的精力也要搬走这两座大山，好方便出行。另一个老人智叟笑他太傻，认为不能完成。愚公说："我死了有儿子，儿子死了还有孙子，子子孙孙是没有穷尽的，两座山终究会凿平。"他们积极行动，一家人每天不停地挖。他们的精神感动了天神，天神派了两个神仙把王屋山与太行山背走了，放到别的地方去，不再挡在愚公家门。

这就是愚公移山的故事。通过这个故事，你们学到了什么道理？

知识要点

通过这个故事，我们搭建一个愚公移山的场景，并了解一下山的结构，山是由山顶、山谷、山脊、鞍部、陡崖等组成的。

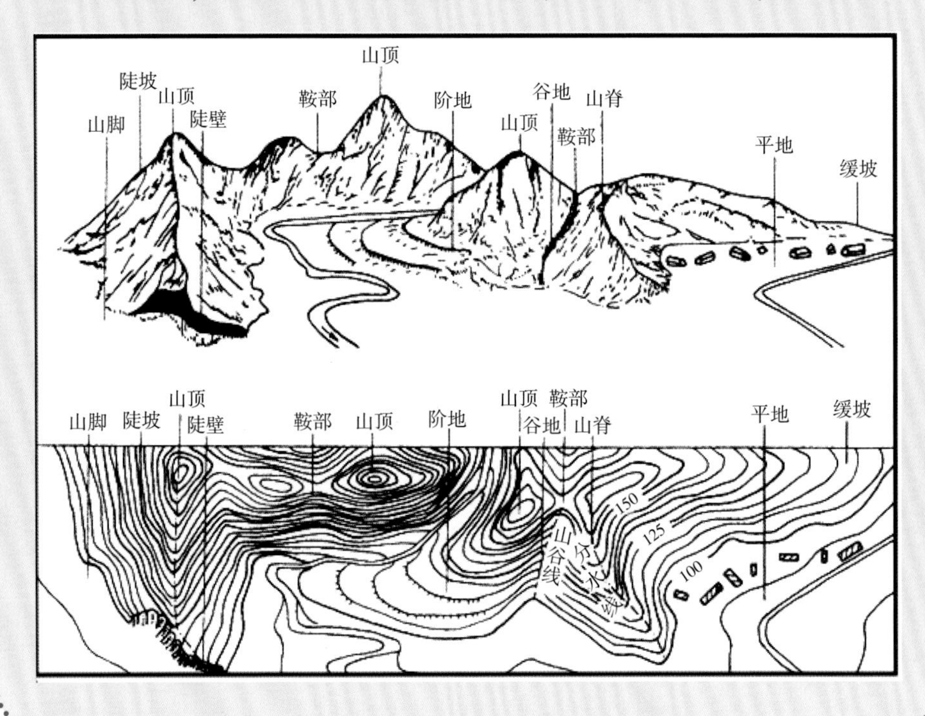

想一想

① 愚公挖了那么多石头，怎么运走？是不是需要一辆车呢？

② 由谁来拉车呢？对，他还需要一匹马。

搭建马车

搭建马车的步骤。

步骤 1　搭建马车车身

步骤 2　车上安装马缰

步骤 3　套上马匹，搭建完成

说一说

① 愚公移山，比喻坚持不懈地和自己遇到的困难进行斗争。那么我们要不要学习愚公呢？

② 图中用红线勾勒的是山的哪部分？

案例25

争分夺秒

小朋友们，大家每天早上几点起床？几点吃饭？几点去上学？是不是发现爸爸妈妈做任何事情，都要看时间？能够认识时间，并合理利用时间对于我们很重要。那么小朋友们，你可以通过钟表自己看时间了吗？今天我们就认识一下家里的钟表吧。

知识要点

（1）钟表

钟表是一种计时装置，也是计量和指示时间的精密仪器。钟表的种类通常是以内机的大小来区别的。按国际惯例，机芯直径超过80毫米、厚度超过30毫米的为钟表；直径37 ~ 50毫米、厚度4 ~ 6毫米的称为怀表；直径37毫米以下为手表。手表是人类所发明的最小、最坚固、最精密的机械之一。

（2）指针

① 最短的指针是时针，时针走一格是 1 小时。
② 略长的指针是分针，分针走一格是 5 分钟。
③ 指针转动的方向是顺时针方向。

想一想

① 钟表上都有什么？有多少个数字？
② 整点时，时针指向哪里？分针又指向哪里？

搭建钟表

搭建钟表的步骤。

步骤 1　搭建表盘

步骤 2　搭建指针

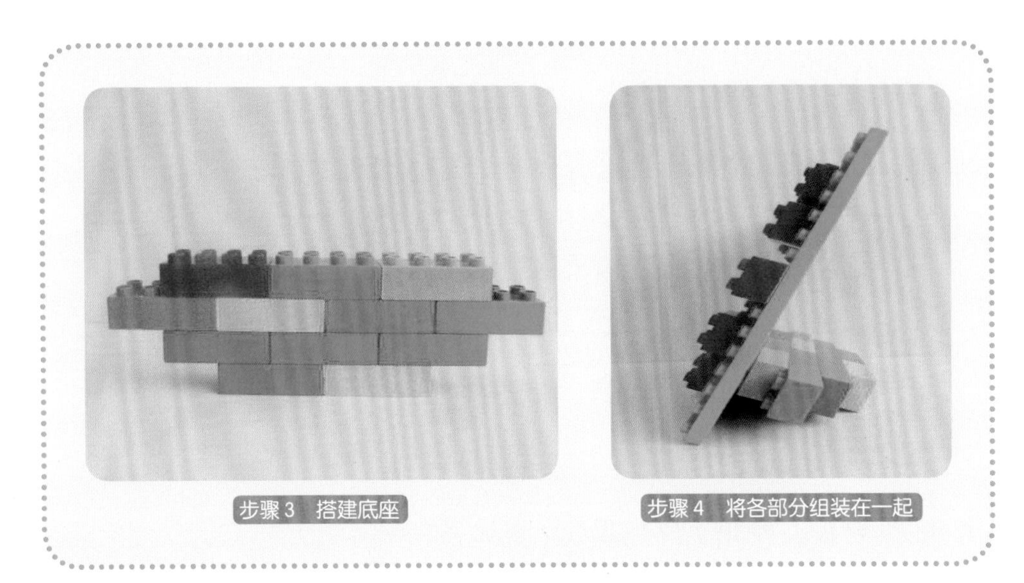

步骤 3 搭建底座

步骤 4 将各部分组装在一起

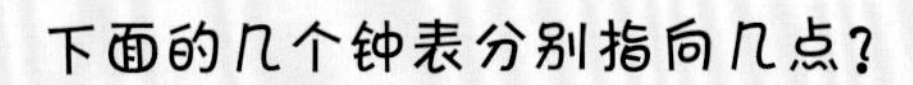

下面的几个钟表分别指向几点？

案例 26

天气预报员

小朋友们，下雨前大家是否能提前感觉到天气有什么不一样？是不是会看到乌云，或者感觉有些闷热。其实大自然的动物更能够提前预知天气的变化，比如蚂蚁搬家，还有我们今天要学习的一种昆虫——蜻蜓。

知识要点

（1）蜻蜓

蜻蜓属于不完全变态昆虫，稚虫“水蚕”生活在水中，用直肠气管鳃呼吸，用极发达的脸盖捕食，一般要经 11 次以上蜕皮，需 2 年或 2 年以上才沿水草爬出水面，再经最后蜕皮羽化为成虫。稚虫在水中可以捕食孑孓或其他小型动物，有时同类也互相残食。无论成虫还是幼虫均为肉食性，多食害虫。成虫除能大量捕食蚊、蝇外，有的还能捕食蝶、蛾、蜂等，实为益虫。

（2）蜻蜓与天气

俗话说，蜻蜓飞得低，出门带蓑衣。在下雨前，空气湿度大，小昆虫翅翼潮湿，无法飞高，正是蜻蜓成群结队出来捕食的好机会。

想一想

① 蜻蜓长什么模样？
② 可以利用哪些乐高积木来搭建蜻蜓？

搭建蜻蜓

搭建蜻蜓的步骤。

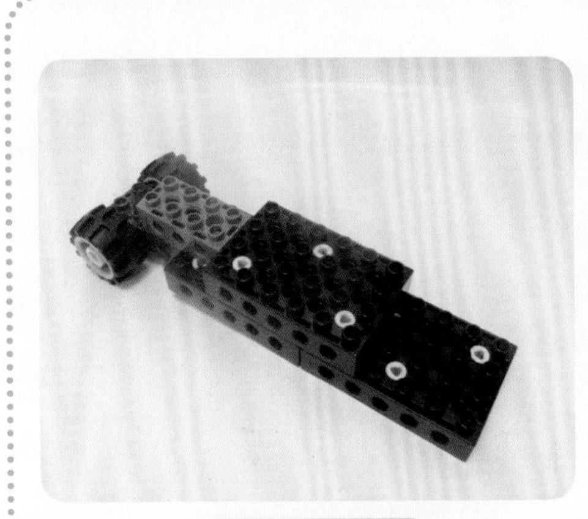

步骤1 搭建身体

步骤2 搭建腿部

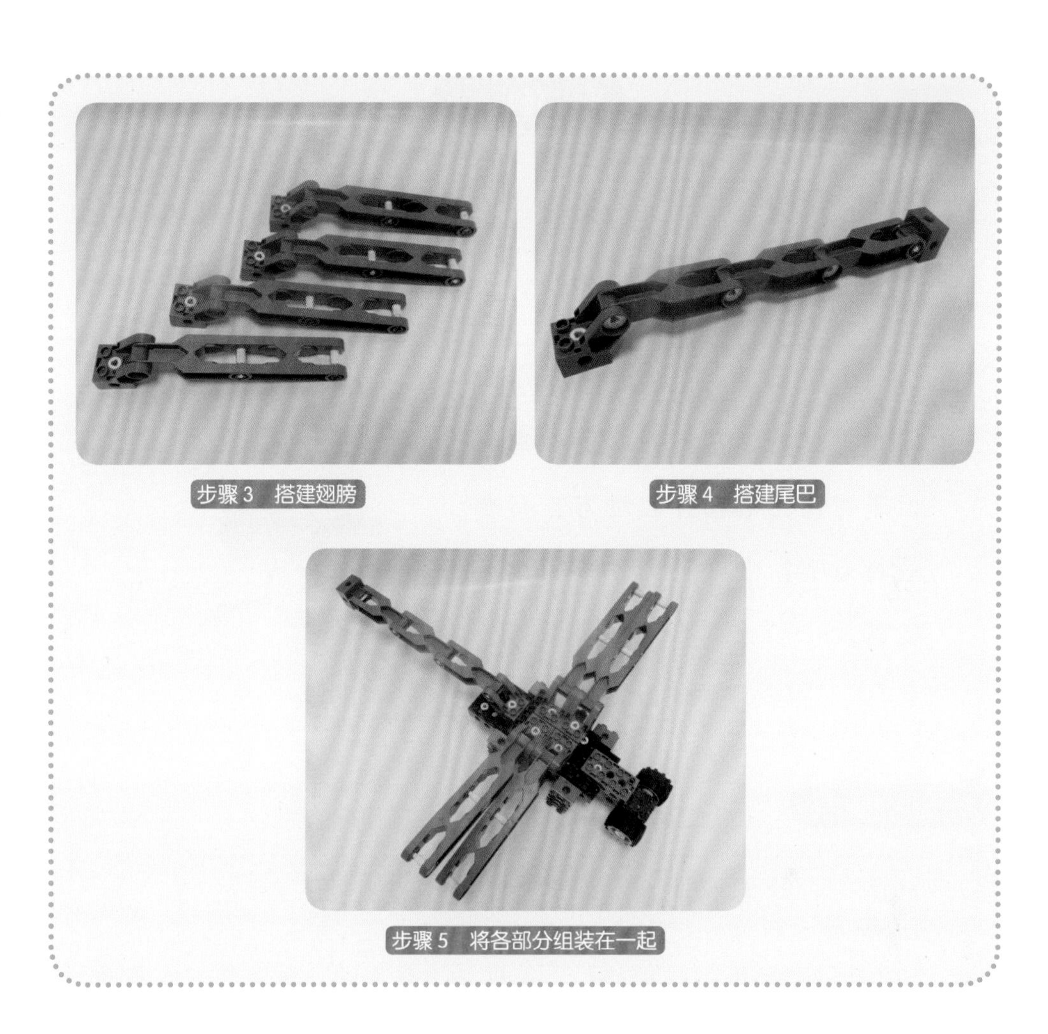

步骤 3　搭建翅膀

步骤 4　搭建尾巴

步骤 5　将各部分组装在一起

说一说

小朋友们都认识哪些昆虫？其中哪些是害虫、哪些是益虫呢？说一说自己的看法吧！

案例27

鸵 鸟

小朋友们，大家觉得最高大的鸟类是什么鸟？对，是鸵鸟。但是鸵鸟生活在什么地方？有哪些特点呢？今天我们就学习一下鸵鸟。

知识要点

（1）鸵鸟

非洲鸵鸟属鸵形目鸵鸟科，是世界上最大的一种鸟类，成鸟身高可达 2.5 米，雄鸵鸟体重可达 150 千克。它们像蛇一样细长的脖颈上支撑着一个很小的头部，上面有一张短而扁平的、由数片角质鞘所组成的三角形的嘴。其主要特点是龙骨突不发达，不能飞行。鸵鸟是世界上现存鸟类中唯一的二趾鸟类，在它双脚的每个大脚趾上都长有长约 7 厘米的危险趾甲，后肢粗壮有力，适于奔走。

（2）鸵鸟的特点

① 它是现存最大的鸟。

② 它是世界上奔跑速度最快的两足动物。

想一想

① 鸵鸟长什么样子？它有什么特点？
② 可以利用哪些乐高积木搭建一只鸵鸟？

搭建鸵鸟

搭建鸵鸟的步骤。

步骤 1 搭建身体及翅膀

步骤 2 搭建头部

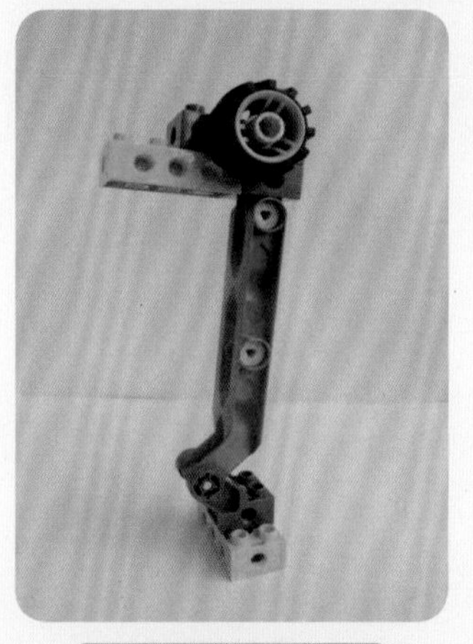

步骤 3 搭建腿和脚趾

步骤 4 搭建尾巴，将各部分组装在一起

请在世界上跑得最快的两足动物下面打√。

案例28

大　象

了解了鸵鸟，接下来我们来看一下世界上最大的陆地动物——大象，看看它都有什么特点？

知识要点

（1）大象

象，通称大象，是目前陆地上最大的哺乳动物，属于长鼻目，只有一科两属，非洲象属和亚洲象属，广泛分布在非洲撒哈拉沙漠以南和南亚及东南亚以至中国南部边境的热带及亚热带地区。

大象是现存世界上最大的陆地栖息群居性哺乳动物，通常以家族为单位活动。大象的皮层很厚，但皮层褶皱间的皮肤很薄，因此常用泥土浴的方式防止蚊虫叮咬。象牙是防御敌人的重要武器。

大象的祖先在几千万年前就出现在地球上。大象家族曾是地球上最占优势的动物类群之一，目前已发现400余种化石。但由于历史上气候和人为原因，导致这个族群的种类越来越少。目前地球上的大象仅剩下两属三种：亚洲象、非洲草原象、非洲森林象，且它们的生存也正受到严重的威胁。

（2）非洲象和亚洲象的区别

① 非洲象的脊背向下塌陷，亚洲象的脊背略微向上弓起。

② 非洲象的头顶是平的，而亚洲象的额头有两个凸起的包，俗称智慧瘤，中间则凹下。

③ 非洲象的三角形耳朵要比亚洲象的四角形耳朵大得多，好似两支巨大的蒲扇。

想一想

① 大象身上都有哪些器官？每个部位都有什么特点？

② 可以用哪些乐高积木来搭建大象？

搭建大象

搭建大象的步骤。

步骤1 搭建身体

步骤2 搭建头部

步骤 3　搭建腿部

步骤 4　将各部分组装在一起

说一说

请在亚洲象的下面画△，非洲象的下面画○。

案例29

驯 鹿

“可叮当，可叮当，铃儿响叮当”。圣诞节的时候，圣诞老公公是怎么来的呢？是谁在为他拉雪橇？对了，是驯鹿。

知识要点

（1）驯鹿

驯鹿，又名角鹿，是鹿科驯鹿属下的唯一一种动物。体长100～125厘米，肩高100～120厘米。雌雄皆有角，角的分枝繁复是其外观上的重要特征，长角有时超过30叉，蹄子宽大，悬蹄发达，尾巴极短。驯鹿的身体上覆盖着轻盈但极为抗寒冷的毛皮。不同亚种、性别的毛色在不同的季节有显著不同，从雄性北美林地驯鹿在夏季时的深棕褐色，到格陵兰岛上的白色。其主要毛色有褐色、灰白色、花白色和白色。花色中白色一般出现在腹部、颈部和蹄子以上部位

（2）驯鹿的身体结构特点

驯鹿雌雄皆有角，长相奇特，真是角像鹿非鹿，头似马非马，身似驴非驴，蹄似牛非牛，因此得了个“四不像”的俗名。

想一想

① 驯鹿的身体都有哪些特征？

② 可以利用哪些乐高积木来搭建驯鹿？

搭建驯鹿

搭建驯鹿的步骤。

步骤 1 搭建身体及尾巴

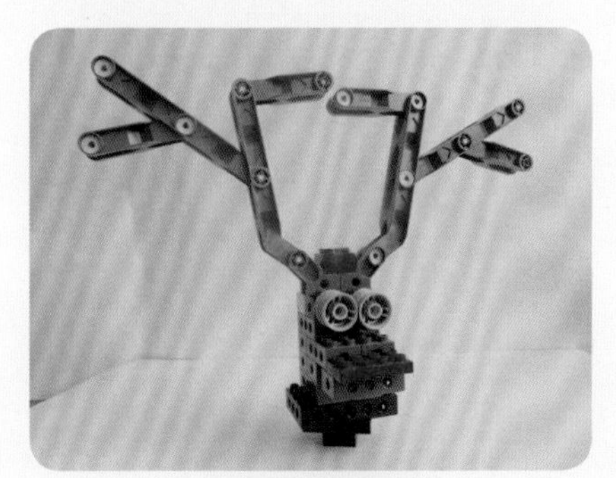

步骤 2 搭建头部

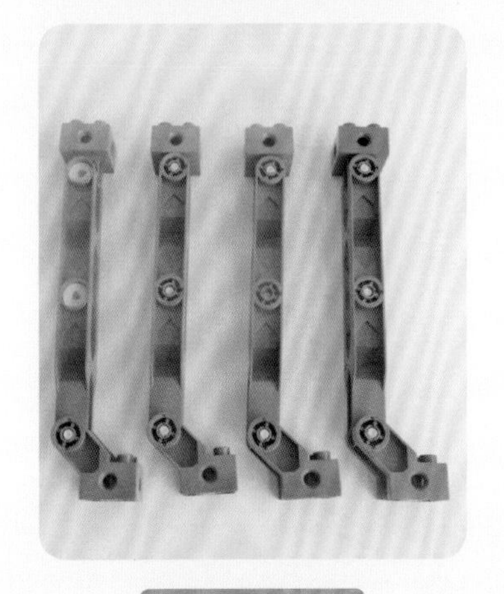

步骤 3 搭建腿部

步骤 4 将各部分组装在一起

请将下列动物的图片与它们的名字用线连接起来。

梅花鹿　麋鹿　驯鹿　驼鹿

案例 30

霸王龙

在人类出现之前，是谁在统治地球？对，是恐龙。恐龙有很多种，小朋友们觉得哪种恐龙最厉害？

知识要点

（1）霸王龙

霸王龙，又名暴龙，生存于白垩纪末期，是史上最庞大的肉食性动物之一，也是最著名的食肉恐龙。恐龙就食性来说，有温顺的草食者和凶暴的肉食者，还有荤素都吃的杂食性恐龙。食草恐龙有梁龙、雷龙、三角龙、剑龙等。食肉恐龙有霸王龙、迅猛、翼龙、沧龙等。

（2）恐龙灭绝的原因

① 气候变迁说。6500 万年前，地球气候陡然变化，气温大幅下降，造成大气含氧量下降，令恐龙无法生存。也有人认为，恐龙是冷血动物，身上没有毛或保暖器官，无法适应地球气温的下降，都被冻死了。

② 物种斗争说。恐龙年代末期，最初的小型哺乳类动物出现了，这些动物属啮齿类食肉动物，可能以恐龙蛋为食。由于这种小型动物缺乏天敌，数量越来越多，最终吃光了恐龙蛋。

③ 大陆漂移说。地质学研究证明，在恐龙生存的年代，地球上只有唯一一块大陆，即“泛古陆”。由于地壳变化，这块大陆在侏罗纪发生了较大的分裂和漂移现象，最终导致环境和气候的变化，恐龙因此而灭绝。

④ 地磁变化说。现代生物学证明，某些生物的死亡与磁场有关。对磁场比较敏感的生物，在地球磁场发生变化的时候，都可能灭绝。由此推论，恐龙的灭绝可能与地球磁场的变化有关。

⑤ 被子植物中毒说。恐龙年代末期，地球上的裸子植物逐渐消亡，取而代之的是大量的被子植物，这些植物中含有裸子植物中所没有的毒素，形体巨大的恐龙食量奇大，大量摄入被子植物导致体内毒素积累过多，终于被毒死了。

⑥ 酸雨说。白垩纪末期可能下过强烈的酸雨，使土壤中包括锶在内的微量元素被溶解，恐龙通过饮水和食物直接或间接地摄入锶，出现急性或慢性中毒，最后一批批地死掉了。

想一想

① 霸王龙前肢和后肢有什么区别？

② 怎么利用乐高积木搭建恐龙？

搭建霸王龙

霸王龙的搭建步骤。

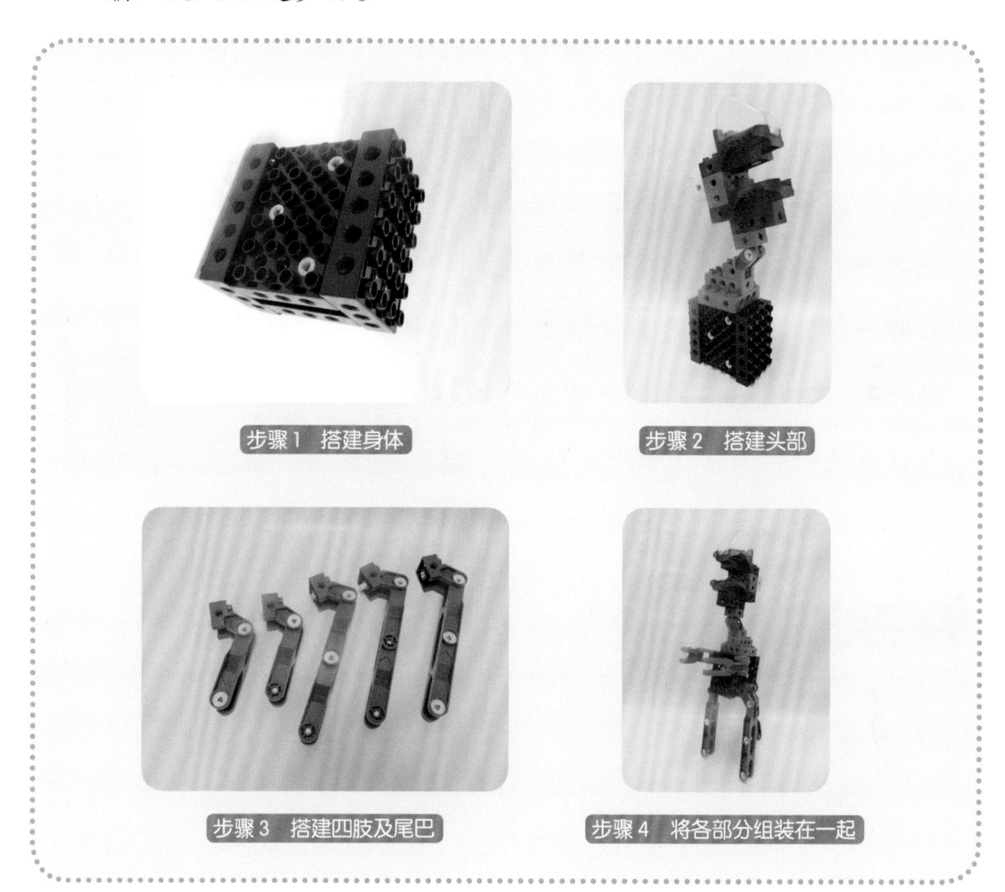

步骤 1　搭建身体

步骤 2　搭建头部

步骤 3　搭建四肢及尾巴

步骤 4　将各部分组装在一起

说一说

请讲述出一个恐龙灭绝的原因（到现在为止没有确定的说法，只讲一个就可以）。

案例31

旋转飞机

小朋友们，大家经常去游乐场吗？那么多项目大家最喜欢哪一种？大家有没有坐过旋转飞机呢？下面我们就来尝试自己搭建一座旋转飞机吧。

知识要点

（1）旋转飞机

旋转飞机是一种围绕一个固定中心柱进行旋转移动或可上下移动的游乐设备。启动开关或者投币，飞机伴随着优美动听的儿歌可以自动旋转，同时做匀速往复升降运动。

（2）平移和旋转

① 平移：在平面内，将一个图形上的所有点都按照某个直线方向做相同距离的移动。

② 旋转：物体围绕一个点或一个轴做圆周运动。

想一想

① 旋转飞机由哪些部分组成？

② 怎样利用乐高积木实现飞机的旋转运动？

搭建旋转飞机

搭建旋转飞机的步骤。

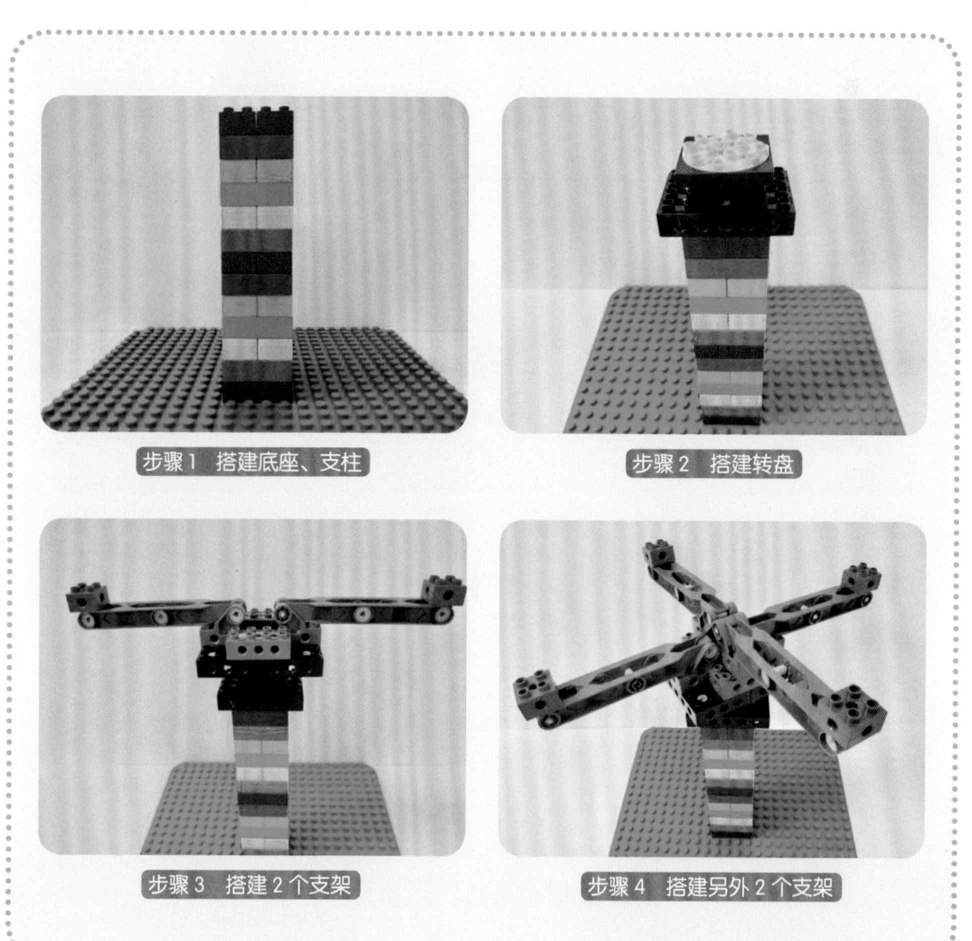

步骤 1　搭建底座、支柱

步骤 2　搭建转盘

步骤 3　搭建 2 个支架

步骤 4　搭建另外 2 个支架

步骤5 搭建飞机驾驶舱

步骤6 搭建机翼、尾翼

说一说

① 下面哪些运动是平移，哪些运动是旋转？平移的打√，旋转的画○。

（ ）

（ ）

（ ）

（ ）

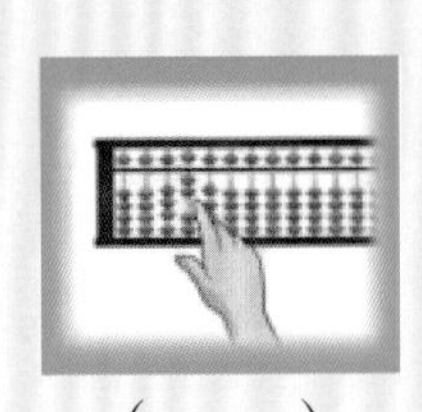

（ ）

（ ）

② 给你的旋转飞机做个可爱的广告牌，吸引更多的小朋友来玩！看谁的广告牌更可爱！

案例 32

海盗船

除了旋转飞机，大家在游乐场还喜欢玩什么？玩过海盗船吗？它对于小朋友来说有点危险，不过我们可以自己搭建一座海盗船。

知识要点

（1）海盗船

海盗船是一种全新设计的观览车类游艺机，是一种绕水平轴往复摆动的游乐项目。该种游艺机因造型不同而名称各异，“海盗船”因其外形仿古代海盗船而得名。海盗船造型为美洲印第安部落风格，总高度 15 米，最高运行速度 32 千米 / 小时，最大摆角 60 度。

（2）三角形的特性

三角形是最稳定的结构，正三角形又是三角形中最稳定的，因为它三边相等，受外力的时候能够很好地把力均分出去。

想一想

① 海盗船都由哪些部分组成？
② 怎样利用乐高积木搭建海盗船？

搭建海盗船

海盗船的搭建步骤。

步骤1 搭建三角形支架

步骤2 搭建转盘

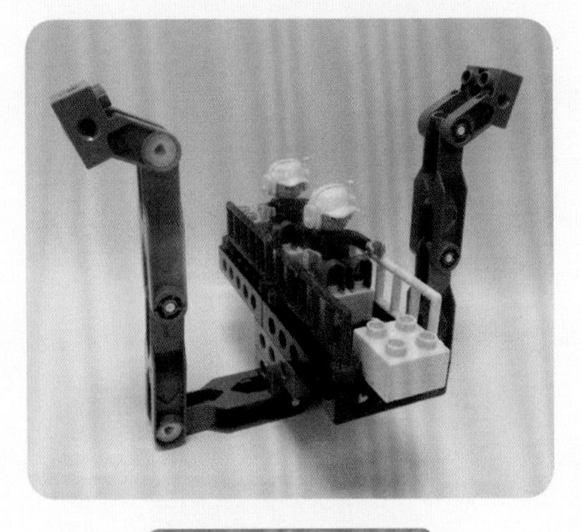
步骤3 搭建绳子和船

步骤4 将各部分组装在一起

下面哪个是最稳定的结构？

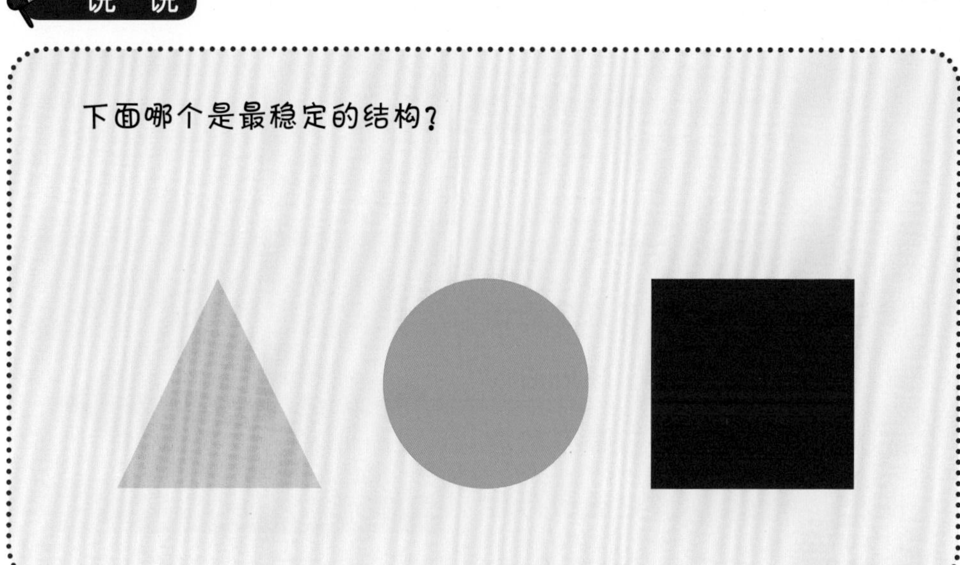

案例33

世博会中国馆

小朋友们，大家听说过世博会吗？它是世界博览会的简称，是一项由主办国政府组织或政府委托有关部门举办的有较大影响和悠久历史的国际性博览活动，它已经历了百余年的历史。2010年，上海举办了世博会，其中的中国馆特别有特色，我们一起来看一下吧。

知识要点

（1）世博会中国馆

2010年上海世博会中国国家馆，以城市发展中的中华智慧为主题，表现出了“东方之冠，鼎盛中华，天下粮仓，富庶百姓”的中国文化精神与气质。

展馆的展示以“寻觅”为主线，带领参观者行走在“东方足迹”“寻觅之旅”“低碳行动”三个展区，在“寻觅”中发现并感悟城市发展中的中华智慧。世博会结束后，更名为中华艺术宫（位于上海地铁8号线中华艺术宫站）。

（2）中国馆的外形及特征

中国馆以大红色为主要元素，充分体现了中国自古以来以红色为主题的理念，更能体现出喜庆的气氛，让游客叹为观止。中国馆共三层，面积 15 000 平方米，高 63 米。国家馆的造型还借鉴了夏商周时期鼎器文化的概念。鼎有四足，起支撑作用。

想一想

① 中国馆是由什么形状构成的？
② 怎样利用乐高积木搭建这些形状？

搭建中国馆

搭建中国馆的步骤。

步骤 1　搭建四个柱子

步骤 2　搭建斗拱

步骤 3 搭建屋顶

步骤 4 将各部分组装在一起

说一说

下面哪个是世博会中国馆？请打√。

案例 34

东方明珠

参观完世博会，接下来我们来看看上海另一个代表性建筑——东方明珠广播电视塔。

知识要点

（1）东方明珠广播电视塔

东方明珠广播电视塔是上海的标志性文化景观之一，位于浦东新区陆家嘴，塔高约 468 米。该建筑于 1991 年 7 月兴建，1995 年 5 月投入使用，承担上海 6 套无线电视发射业务，地区覆盖半径 80 千米。东方明珠广播电视塔是国家首批 5A 级旅游景区。塔内有太空舱、旋转餐厅、上海城市历史发展陈列馆等景观和设施，1995 年被列入上海十大新景观之一。

（2）东方明珠广播电视塔的结构及特点

东方明珠广播电视塔是多筒结构，以风力作用作为控制主体结构的主要因素。电视塔的塔身具有较强的稳定性，其设计抗震标准为“7级不动，8级不裂，9级不倒”。此外，该建筑还有着良好的抗风性能。

想一想

① 东方明珠由哪些形状构成？
② 怎样利用乐高积木搭建这些结构？

搭建东方明珠

搭建东方明珠的步骤。

步骤1 搭建底座

步骤2 搭建第一个大球体

步骤 3　搭建塔身

步骤 4　搭建小球体

步骤 5　将各部分组装在一起

说一说

简述东方明珠广播电视塔的结构的特点。

案例35

龙 舟

端午节是中国的传统节日之一。在端午节这天，有一项流传已久的习俗，是什么呢？对，赛龙舟。下面我们就了解一下龙舟吧。

知识要点

（1）赛龙舟的由来

赛龙舟是中国端午节的习俗之一，在中国南方地区普遍存在，在北方靠近河湖的城市也有赛龙舟习俗，大部分是划旱龙舟舞龙船的形式。关于赛龙舟的由来，有多种说法，有祭曹娥、祭屈原、祭水神或龙神等，其起源可追溯至战国时代。赛龙舟先后传入邻国日本、韩国及越南等，是2010年广州亚运会正式比赛项目。

（2）龙舟的结构

龙舟结构紧密、做工精细、用料考究、色彩丰富。一只龙舟由龙头、龙尾、干船、闸水板、龙篸、舟桡等部分拼装而成，各部分材质不同。干船多用木质坚韧、不易渗水、耐撞耐浸的优质坤甸木制作，坤甸木忌风吹日晒。

想一想

① 龙舟的船体和普通的船有什么区别？
② 怎样利用乐高积木来搭建龙舟？

搭建龙舟

搭建龙舟的步骤。

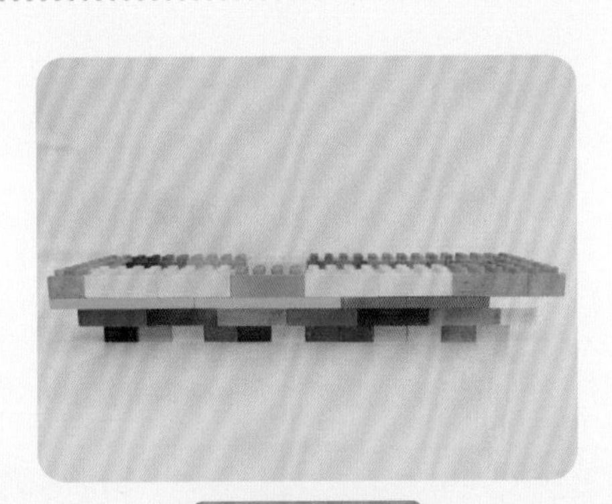
步骤1 搭建船身

步骤2 搭建龙头

步骤 3 搭建龙尾

步骤 4 将各部分组装在一起

说一说

① 中国的传统节日还有哪些？

② 端午节赛龙舟是为了纪念谁？

案例 36

武汉长江大桥

中国的湖北省武汉市有好几座横跨长江的大桥，其中有一座最为出名，因为它是新中国成立后第一座修建在长江上的大桥——武汉长江大桥。

知识要点

武汉长江大桥位于湖北省武汉市武昌区蛇山和汉阳龟山之间，是长江上的第一座大桥，也是新中国成立后在长江上修建的第一座公铁两用桥，被称为“万里长江第一桥”。武汉长江大桥建成伊始即成为武汉市的标志性建筑。全长约 1 670 米，上层为公路桥（107 国道），下层为双线铁路桥（京广铁路），桥身共有 8 墩 9 孔，每孔跨度为 128 米，桥下可通万吨巨轮。

想一想

① 武汉长江大桥的结构有什么特点？

② 怎样利用乐高积木搭建武汉长江大桥？

搭建武汉长江大桥

搭建武汉长江大桥的步骤。

步骤1 搭建桥墩

步骤2 搭建桥面

步骤3 搭建腹杆

步骤4 搭建第二层桥面

下面哪个是武汉长江大桥？请打√。